LA

PROPRIÉTÉ

RURALE.

LA

PROPRIÉTÉ

RURALE.

SES AVANTAGES & SES INCONVÉNIENTS;

CONSEILS AUX ACHETEURS,

PAR

M. DEMEUFVE, géomètre-expert.

NOYON

TYPOGRAPHIE D. ANDRIEUX,

5, RUE DU NORD, 5,

—

1871.

INTRODUCTION.

Cet opuscule s'adresse plutôt aux acheteurs de Paris qu'à ceux des départements. Mieux placés pour puiser leurs renseignements, ces derniers sont moins sujets à se laisser séduire par les apparences, souvent aussi riantes qu'elles sont trompeuses.

La classe de lecteurs pour laquelle nous écrivons ne porte son attention que sur les propriétés importantes; c'est donc d'elles que nous nous occuperons, en laissant de côté le morcellement qui n'est pas marchandise qui leur convienne. Néanmoins, il est certain que, pratiqué sur partie d'un grand immeuble, le morcellement peut devenir un nouvel élément de valeur à joindre à sa valeur primitive, et augmenter par conséquent cette valeur primitive dans une certaine mesure. A ce point de vue nous en dirons un mot.

Il semble inutile d'évoquer le souvenir de nos catastrophes pour amener la conviction que *les placements en terre ne redoutent ni la chute des empires ni le bruit du ca-*

non. Cependant, il faut bien le reconnaître, cette conviction ne pénètre dans certains esprits qu'à la vue de faits matériels accomplis, et la prévoyance chez nous, au lieu de le précéder, suit toujours l'accident.

L'époque de désastres que nous venons de traverser nous démontre combien, dans le passé, il eût été sage pour nous d'être prévoyants. Puisse la leçon nous profiter dans l'avenir !

Maintenant que toutes les illusions entretenues sur tant de valeurs n'ayant que l'aléa pour base sont tombées, il doit nous être permis de faire remarquer que, les premiers éléments de la richesse le plus à l'abri des événements se tirant de terre par le travail, c'est à cette richesse vraiment destinée à réparer nos ruines et cicatriser nos plaies que nous devons plus que jamais avoir recours, et que le moment est venu de dire adieu aux opérations hasardeuses dont l'influence nous a été si funeste. N'est-ce pas, en effet, au développement de cette passion souvent criminelle, de vouloir *devenir riche vite*, qu'est due notre décadence ?

« La possession de la terre, dit M. de Falloux, est une des plus hautes fonctions de ce monde ; si chacun de nous y réfléchissait bien, l'état général de notre pays serait modifié en cinquante ans. »

Nous venons de prévenir le lecteur que notre écrit s'adresse plus spécialement aux acheteurs de Paris, c'est-à-dire à des hommes qui éprouvent aujourd'hui le plus grand besoin d'être rassurés sur le maintien de l'importance de cette capitale. Peuvent-ils l'être ? Nous le pensons.

Quelques considérations, que nous allons développer, à titre de digression, sur la *position géographique et géologique de Paris*, ont pour but de le leur démontrer.

Les maux de toutes sortes, dont notre pays vient d'être victime, ont engendré aussi des craintes de toutes sortes. On peut dire que le mal et la peur sont deux fléaux qui ne vont jamais l'un sans l'autre.

Après ses malheurs, notre nation se demande aujourd'hui si, au point de vue politique et administratif, Paris est digne ou non d'être et de rester la capitale de la France. Cette question pourrait être résolue par nos gouvernants ; car, quand on est appelé à gouverner, on doit s'entendre sur ce qu'il faut faire pour empêcher surtout le retour des actes de sauvagerie dont nous avons été témoins. Nous n'avons donc pas à l'examiner sous ce rapport.

Cependant il faut reconnaître qu'en présence de toutes les monstruosités politiques et sociales qui s'y renouvellent sans cesse, il n'y a rien d'étonnant que l'idée de l'utilité de déplacer la tente gouvernementale, et, par un sentiment d'équité, de la reporter au centre du pays, se propage et grandisse.

En effet, il semble irrationnel d'en faire partir le rayonnement d'une de ses extrémités en quelque sorte.

Les villes de Bourges, Nevers, Chateauroux, et même Tours et Blois, ne seraient-elles pas plus centrales, disent les partisans d'un déplacement, et est-il juste que le préfet de Perpignan fasse 843 kilomètres pour venir conférer avec le ministre, tandis que celui de Lille n'en fait que 222 ?

Il n'y a pas à contester, sous le rapport administratif et même judiciaire, les avantages de position plus centrale des villes que nous venons de citer ; mais sont-ce là les seuls à envisager, pour la création d'un centre qui peut servir non-seulement de capitale à un Etat, mais encore, et *surtout*, de résidence au monde entier, et peut-on ne pas tenir compte de dons naturels qu'aucune puissance humaine ne saurait déplacer ?

« L'emplacement de Paris, dit un savant, M. Jean « Reynaud, a été choisi par nos pères avec un admirable « instinct, si bien que, voulût-on supposer la capitale « bâtie ailleurs, elle *tendrait toujours à y revenir par un* « *effet d'équilibre.*

Déjà, à cause du voisinage des provinces agricoles les plus fertiles qu'il y ait en France : La Brie, le Soissonnais, la Beauce et la Normandie, Lutèce, justifie ce choix judicieux qui a été fait.

Mais ce qui distingue la situation de Paris, selon nous, et la place en dehors de toute comparaison avec aucune autre, c'est l'abondance des matériaux de construction de toutes sortes qui existent dans son rayon.

Voyez avec quelle admirable attention l'auteur de toutes grandes choses, le *grand formateur* des terrains, a lui-même, pour ainsi dire, marqué la place d'un pareil centre, en assurant son existence.

« Au lieu de procéder dans ses dépôts pour la matière, « dit M. Reynaud, par une couche épaisse et de même « nature, comme elle l'a fait en général dans le *reste de* « *la France,* la nature a entassé sur ce point les forma- « tions les plus variées et de la moindre profondeur « possible. Il suffit de faire le relevé des dépôts tertiaires « des environs de Paris, pour être émerveillé des res- « sources singulières qu'ils offrent à l'industrie : ce sont, « en un mot, tous les matériaux d'une grande ville « apportés là par la nature. »

Ainsi donc, ne resterait-il rien de cette ville si mutilée, que la richesse de ses environs, en dépôts de matières propres aux constructions, lui suffirait pour revenir à cet effet d'équilibre dont parle M. Reynaud, c'est-à-dire à se rebâtir plus belle que jamais, attendu que l'argent ne semble pas manquer, si on en croit nos emprunts, et, quand on a sous la main le plâtre, les carrières de toutes natures, la chaux, l'argile, et de bons architectes, le reste n'est qu'une question de temps ; et ni ce dernier capital du genre humain, pourtant bien renchéri chez nous, ni la richesse en matières premières des environs de Paris ne sont susceptibles de destruction par n'importe quel vandale.

Mais il ne suffit pas de créer un grand centre et de pouvoir y accumuler des merveilles ; on ne vit pas de merveilles. Déjà nous avons dit que Paris ne s'était pas placé trop loin du pain et de la viande, il nous reste à faire remarquer qu'il est tout-à-fait voisin d'une culture maraîchère d'une richesse incomparable, exploitée sur un sol qui lui est essentiellement et uniquement propre, du moins pour les 8 à 900 hectares qui lui sont consacrés.

Ce serait en vain qu'on voudrait faire pousser de bons légumes dans les terres fortes du Nord, dans celles argileuses du Soissonnais ou de la Brie, et encore moins dans les terres seulement calcaires du Berry, de la Brenne ou de la Sologne, et surtout en assez grande quantité et qualité pour satisfaire deux millions d'estomacs.

Eh bien ! si le terrain exploité en jardinage, aux environs de Paris, ne recevait pas cette culture, il resterait en friche, tant celle-ci s'approprie à sa constitution et réciproquement. Cela est tellement évident que huit cents et quelques hectares suffisent à eux seuls pour alimenter, en légumes, les trois quarts de Paris; dix fois cette étendue en fonds de première qualité pour céréales ne fourniraient pas les mêmes produits, avec des travaux et des soins considérables, et ne rendraient en qualité que des récoltes bien inférieures.

En ce qui concerne les primeurs, grâce au savoir-faire et à une véritable science, les fruits qui en proviennent valent mieux, tout le monde le sait, que ceux du Midi.

Ainsi, aux ressources naturelles pour devenir grande, la ville de Paris joint celles nécessaires pour nourrir, avec une extrême facilité, tous ceux qu'elle peut abriter. Ni Bourges, ni Nevers, ni Chateauroux, ni même Tours et Blois dont nous connaissons un peu les ressources du sol, ne sauraient présenter le moindre de ces avantages.

Nous venons d'indiquer, dans la position géographique et géologique de Paris, deux conditions vitales très-remarquables ; il nous reste à en signaler une troisième, pour fournir une preuve complète de sa raison d'être *une ville universelle.*

Une capitale qui ne se composerait que de beaux monuments, d'admirables promenades et jardins publics, de grandes rues et de curiosités à l'infini, mais avec une ceinture restreinte, quoique fort riche, de culture maraîchère, et une plaine et des côteaux que l'on rencontre partout, ressemblerait assez à un magnifique château avec beau parc situé soit en Sologne, soit dans les plaines de la Champagne, et dont l'ennui vient bien vite gagner l'habitant, quelles que soient les beautés qu'on y ait réunies. Il lui manquerait les curiosités extérieures, c'est-à-dire celles qui séduisent le plus par leurs charmes et priment toutes les autres.

Evidemment, les étrangers qui n'habiteraient Paris que pour les merveilles qu'il renferme, ne tarderaient pas à être pris de l'envie de le quitter. Mais cette grande cité a des attraits extérieurs qui en rendent le séjour le plus ravissant qui soit au monde.

En effet, si nous jetons nos regards sur ses environs, dont beaucoup de points sont devenus héroïquement et tristement célèbres depuis nos derniers malheurs, si nous les poussons un peu plus loin et dans toutes les directions, nous retrouvons partout la suite et le complément d'une grande ville, partout un anneau de plus à sa chaîne, une fleur de plus à sa couronne.

Rien n'est beau, nous disait un étranger, pourtant propriétaire de grands bois, comme la forêt de Fontainebleau. Devinez pourquoi ? Parce qu'il n'y pas que du bois.

Les richesses et les variétés exceptionnelles de produits géologiques de Paris, ses terrains exclusivement légumiers, ses environs incomparablement beaux et agréables doivent donc rassurer les esprits, dissiper les craintes que nos malheurs ont fait naître et grossir sur son avenir et ramener l'assurance que cet avenir ne peut jamais péricliter, quoi qu'il arrive, puisque, s'il n'était pas la capitale de la France, il resterait toujours la capitale des capitales.

Nous ignorons si les craintes dont nous venons de parler influent elles-mêmes beaucoup sur la dépréciation des terrains de Paris ; mais il est à craindre que ce genre d'immeubles, autant que les maisons, ne se ressente pour longtemps du coup terrible qui frappe le pays et tout particulièrement la cité des émeutes.

Quoique tout homme qui raisonne doive être convaincu, comme nous, que la propriété est la première et la plus sûre des valeurs et ne peut entrer en comparaison quelconque avec toutes celles en papier, nous comprenons les embarras que doivent éprouver les amateurs, lorsqu'ils veulent faire en biens fonds l'emploi de leurs capitaux, et nous sommes peu surpris, s'ils sont tout à fait étrangers aux choses rurales, de les voir souvent pencher pour des placements en apparence moins aléatoires.

En effet, le bien rural, tout matériel qu'il soit, s'offre aux acheteurs avec beaucoup d'incertitudes : incertitude dans la valeur et le revenu, incertitude dans les charges, incertitude dans l'étendue superficielle et, pour les parcelles, incertitude même sur leurs limites et jusque sur la place réelle qu'elles doivent occuper.

Ainsi, un propriétaire ne peut pas dire, comme le fait remarquer avec tant de raison M. Félix de Robernier dans son bel ouvrage *De la preuve du droit de propriété:* « Ceci est l'héritage ou le bien qui m'appartient, vous « pouvez tous le reconnaître, il n'est permis à aucun de « vous de le confondre avec un autre, soit quant à la partie de « notre territoire sur lequel il est placé, soit quant à l'é- « tendue de sa surface et à l'exacte formation des lignes « qui en décrivent le pourtour. »

Aussi, demandons-nous, avec lui et beaucoup d'autres, que cet état de choses cesse, qu'une grande réforme, celle du cadastre, vienne combler les lacunes, les imperfections, les vides mêmes qui existent dans les lois, usages et routines qui régissent la propriété immobilière.

Aussi, réclamons-nous, depuis longtemps avec instance, la création et l'établissement d'un grand livre foncier universel et public, qui ne serve pas seulement de base à un impôt mieux réparti, mais surtout de règle pour tous les droits, tous les intérêts de la propriété et des propriétaires, et dans lequel, lorsqu'il s'agit de transmission d'immeubles, on trouve dégagés de toutes exagérations plus ou moins intéressées, de toutes surprises, de toutes fraudes habilement et savamment calculées, des éléments certains, positifs, honnêtes, pour fixer les acheteurs sur les valeurs vénales, productives et locatives, et leur permettre, sans crainte d'être trompés, d'acheter ou de louer un immeuble à Carcassonne, quand ils viennent de Lille, et réciproquement.

Mais, disent les gens qui ne saisissent pas bien l'utilité d'un bon cadastre, ou les partisans nombreux du *statu quo*, en quoi la production du sol, seul but apparent d'utilité publique, du moins d'après cette classe de juges, doit-elle s'augmenter par l'établissement de ce soit-disant critérium ?

Avant d'aller plus loin, et pour ne pas avoir à y revenir dans le cours de cet écrit, nous devons répondre à cette objection, qui nous a quelquefois été faite par des hommes dont la position sociale pourrait faire croire à moins de désintéressement de leur part à la chose publique.

Peu importe aux partisans du *statu quo* la multitude de procès qu'engendrent les questions de propriété et qu'il préviendrait, non plus que les immenses frais à faire pour parvenir à une solution dans ces questions où la glorieuse incertitude des lois produit tant de considérants. Comme ce sénateur interrompant l'honorable M. Bonjean, de douloureuse mémoire, un jour que, devant le Sénat, il déplorait d'assister comme juge à tant de désastreux procès à propos de la propriété, ils s'écrient : tant pis pour ceux qui plaident !

Peu leur importe également, que faute d'un bon cadastre, le régime hypothécaire donne lieu chez nous à une foule d'erreurs grossières et de bévues malheureuses, et que, pour les grands travaux publics, tant d'études isolées qu'il aurait évitées, qui coûtent si cher et qui répondent si peu cependant, dans leur résultat, à ce qu'on en devait attendre, deviennent indispensables.

Ce qu'ils réclament, c'est une augmentatiou de production.

Eh bien ! cette augmentation de production, un bon cadastre est plus propre qu'ils ne le supposent à la leur donner, en procurant les moyens certains, faciles et infiniment peu dispendieux, d'apporter promptement au régimè des eaux en France toutes les améliorations dont il est susceptible.

Que n'a-t-on pas dit et écrit sur cette matière ? Et pourtant à quelles difficultés ne se heurte-t-on pas lorsqu'on veut tenter la moindre irrigation ? Pourquoi ces difficultés ? Parce qu'une commune, et même un particulier croient à la possibilité d'exécuter *isolément* un pareil travail.

Le cadastre, tel que nous le comprenons, devra reproduire les principales altitudes du sol, et, par conséquent, permettre de se livrer, soit pour le bassin entier d'un cours d'eau, soit pour un ou plusieurs départements, selon les intérêts communs, à des calculs et à des travaux d'ensemble, dont la base et le point de départ font aujourd'hui complètement défaut.

Il en serait de même pour les desséchements et les drainages, car tous ces travaux, pour les mêmes causes que les irrigations, sont loin de produire tous leurs bons effets.

L'eau, soit qu'on l'utilise comme agent propre à augmenter la production, soit qu'on veuille la détourner ou l'aménager comme lui étant nuisible, ne saurait, pas plus que l'air, se limiter dans son action, soit à un champ, soit même à une contrée.

Nous considérons cette réforme du cadastre, comme une mesure tellement utile, tellement indispensable pour le développement de la fortune publique, dont le besoin, plus que jamais, se fait sentir aujourd'hui, que nous ne pouvions nous dispenser d'en entretenir le lecteur. Ce grand travail, tel qu'il devrait être exécuté, mettrait enfin un terme à une foule d'abus qui se commettent sur la propriété au grand détriment de ses possesseurs.

CHAPITRE Ier.

Ce qu'on entend par valeur en matière de propriétés. Quelles sont les meilleures?

Nous avons cherché à rassurer les acheteurs parisiens, en leur expliquant les raisons qui feraient conserver à Paris, en dépit de certaines appréhensions gouvernementales, le premier rang parmi les capitales. Sans vouloir y mettre le moindre grain d'amour propre national, on peut dire que c'est également le premier rang que doit occuper la France, parmi tous les états de l'Europe, pour la production du sol.

D'ailleurs, l'amour propre ne peut être ici en jeu ; notre climat, nos terrains avec leurs cultures et produits multipliés, notre sol, en un mot, sont pour notre pays une source inépuisable de richesses naturelles qu'on ne peut pas plus lui enlever qu'à Paris celles de ses environs.

A côté de nos céréales, de nos plantes fourragères et industrielles, de nos produits forestiers, viennent se grouper tous les commerces qui s'y rattachent, plus importants chez nous que chez aucune autre nation, dans leurs nombreuses variétés.

La culture seule des arbres fruitiers donne, en France, une production dont le chiffre n'est pas évalué à moins de 100 millions.

Et la vigne ! Ecoutons ce qu'en dit un économiste :

« De tous les produits gastronomiques de la France, il « n'en est point qui égalent en renommée ceux de ses « vignobles.

« Les vins sont, de toutes les productions de l'agricul- « ture française, celle qui lui donne son caractère le plus « tranché, le plus distinctif. Notre patrie, n'eut-elle que « ses vins, serait encore *à la tête des contrées agricoles de « l'Europe,* dont elle est, pour ainsi dire, le cellier.

« C'est elle qui répand dans le monde ses liqueurs aux- « quelles nous devons quelques parcelles de notre génie « propre et qui, semblables aux créations légères de notre « esprit, entretiennent et stimulent de toutes parts la « chaleur, le mouvement et la vie. »

On peut donc s'étonner que dans une contrée si favorisée, les placements hasardeux tiennent toujours une si large place. Faut-il en attribuer la cause à la richesse de nos vins qui entretiennent dans notre esprit « des créations légères » ou bien à l'état politique de notre pays qui les fait rechercher ?

Nous n'avons pas l'intention de toucher à cette question ; elle appartient à un autre domaine que celui des biens ruraux. Aussi, nous nous hâtons de revenir à l'étude de celle qui fait l'objet du titre de ce chapitre : *Ce qu'on entend par valeur en matière de propriété,* et devons-nous ajouter, *de propriété rurale.*

On raconte « qu'un navire espagnol chargé de sommes « considérables ayant fait naufrage sur les côtes de la « nouvelle Espagne en 1556, les sacs d'argent qu'il con- « tenait furent confusément jetés à terre sur le sable ; « puis, l'équipage européen, songeant à son salut, « abandonna ces sommes devenues inutiles.

« Les Indiens, qui vinrent sur le bord de la mer, furent « charmés à l'aspect de ces sacs de toile grossière ; ils les « vidèrent diligemment et, cinq mois après, on retrouva « l'argent qu'ils contenaient sur le rivage ; nul des In- « diens ne s'en était soucié. »

Plus de trois siècles après, c'est-à-dire en 1871, le courage et la force d'une nation, qui se croyait, militairement, la première du monde, vinrent faire pareillement naufrage dans les murs de sa capitale qui, semblable à ce navire, renfermait, elle aussi, des sacs de toile grossière remplis d'argent. Cette nation eut peut-être été sauvée si ces sacs eussent été remplis de pommes de terre.

Ces faits, cités à dessein, sinon à propos, conduisent à faire reconnaître que la terre a une valeur absolue, prise dans le sens rigoureux des produits qu'on en retire ; celle de l'argent, au contraire, n'est qu'une valeur de convention, attendu, dit un publiciste, que le « capital et ses intérêts « ne sont pas des moyens de subsistance ; ces moyens « sont : le pain, le vin, la viande, etc., et non l'argent ; « on se procure ces moyens avec de l'argent, il est vrai, « mais, pour se les procurer, il faut qu'ils existent. »

Ces vérités, tout élémentaires qu'elles puissent paraître, ont néanmoins besoin d'être rappelées de temps en temps ; il est bon que chaque valeur prenne son rang, et qu'on sache bien que le premier appartient à la terre, dont la création, pas plus que la destruction, ne peuvent être notre œuvre.

Mais, comme il fallait en trouver une qui pût se transporter, se changer de place, se mettre en *poches*, on a cherché un métal qui fût inaltérable et dont le choix convînt à tous ; ce métal, on l'a trouvé dans l'argent auquel il faut comparer tous les autres produits ; c'est dans ses rapports avec la propriété rurale qu'il convient d'examiner les différentes valeurs de biens-fonds, pour en reconnaître précisément l'importance et savoir quelles sont les meilleures.

La valeur d'une propriété est donc le produit, ou revenu en argent qu'on doit en retirer eu égard au capitai avancé, du moins pour l'homme qui ne voit dans la terre que rapports de foin, de blé ou de bois et qui « chiffre la nature et additionne le paysage. »

Ce n'est pas là, il faut le reconnaître, le cas de beaucoup d'acheteurs, mais tous, cela est bien permis, demandent et recherchent de gros revenus.

Malgré cette prétention fort légitime et nombre d'efforts tentés pour la réaliser, ne voit-on pas souvent des amateurs, faute d'étude réelle ou d'examen suffisant, se placer précisément, en achetant, aux antipodes du résultat qu'ils poursuivent?

On sait que la fortune la plus claire, la plus liquide, la plus agréable à posséder, est celle à laquelle s'attache le moins de charges.

On sait également que le mécanisme le plus expéditif et partant le plus utile et le meilleur marché est, sans contredit, celui qui est le plus simple.

Ces axiomes économiques, vrais en toutes choses, le sont surtout lorsqu'ils s'appliquent à la propriété rurale, dont les richesses, comme personne ne l'ignore, sont encore subordonnées à des conditions atmosphériques indépendantes de la volonté, du travail et même du génie de l'homme.

On doit donc, en premier lieu, s'appliquer à rechercher la nature de propriété qui offre le moins de prises aux influences du climat, car il n'y a pas d'ennemi avec lequel la lutte soit plus difficile.

Une valeur en biens-fonds (comme les bois) qui jouit de ce privilège, permet d'abord de faire une acquisition n'importe où, car elle se rapproche le plus de l'argent.

Elle a même souvent sur celui-ci un avantage incontestable, celui d'asseoir solidement et la garantie du capital et celle des intérêts, en fixant l'un et l'autre dans la même main, avec possibilité de conserver, jusqu'à paiement intégral des intérêts ou revenus, le gage aussi solide que l'assiette du capital lui-même.

En second lieu, et pour faire suite aux mêmes principes, il faut que l'immeuble, pour donner des recettes sans trop de dépenses, réunisse ces autres avantages : économie de main-d'œuvre, point ou peu de constructions, peu de personnel et de matériel.

DES BOIS.

Les bois se rapprochant le plus des conditions d'économie que nous venons d'énumérer, occupent, à notre avis, le premier rang parmi les placements d'une certaine importance.

Mais, pour donner des revenus réguliers et normaux, ils doivent avoir un aménagement suivant la qualité du sol et les besoins du commerce, et des débouchés nombreux procurés surtout par des voies de transport à bon compte, telles que l'eau, par exemple, celle de toutes la plus économique pour les matières encombrantes.

Aussi tous les bois à portée d'un canal ou d'une rivière navigable offrent-ils toujours de grands avantages et sont-ils généralement recherchés par le commerce.

On peut seulement exprimer en passant des regrets sur l'état actuel de nos canaux. Défectueux et peu entretenus, ils laissent vraiment trop à désirer. Quelle peut être la raison de l'abandon dans lequel on les laisse? Nous l'ignorons ; mais quelle qu'elle soit, nous la jugeons encore plus digne de blâme que cet abandon même.

En ce qui concerne les produits du sol forestier, comme à l'égard de ceux des autres genres d'immeubles, nous n'avons eu en vue, dans ce chapitre, que de signaler à l'attention du lecteur, en les lui mettant en relief, les caractères généraux qui distinguent les diverses natures de propriété, envisagées dans leur rapport étroit avec l'intérêt d'un capital, et abstraction faite de certaines considérations sur lesquelles nous aurons plus tard à revenir.

C'est en suivant cet ordre d'idées que nous nous occuperons des prairies et des terres arables. Mais avant d'aborder ce sujet, terminons celui des bois par quelques lignes consacrées à leurs défrichements qui sont aussi, de nos jours, des *opérations financières* à la mode, et qui ont produit des résultats aussi pernicieux pour certaines parties de notre territoire, que les opérations de jeu ou spéculations hasardeuses pour nos mœurs.

Les grands déboisements d'autrefois sont loin d'avoir été toujours exécutés judicieusement, notamment dans certaines contrées du centre de la France. Ils n'ont souvent laissé à la culture, après eux, qu'un sol stérile, marécageux et insalubre. Néanmoins, on peut faire remarquer, comme atténuation à la critique qu'ils soulèvent, que beaucoup d'entre eux trouvent leur excuse dans le besoin d'argent, qui manquait alors pour la construction des voies de communication sans lesquelles toute exploitation et tout commerce sont impossibles.

Mais une excuse semblable ne peut être invoquée en faveur des défrichements de notre époque.

Aussi, tous ceux qui sont à même d'observer et de faire comprendre le mal produit par ces défrichements inconsidérés, rendent-ils un véritable service au pays en vouant à la réprobation générale ces actes de vandalisme anti-nationaux.

Les défrichements, il faut en convenir, sont le plus souvent des opérations d'argent, et d'argent pris sur des produits accumulés par nos pères, pour satisfaire les besoins ou nécessités passagères de leurs fils, qui eux, le plus ordinairement, se préoccupent fort peu de laisser leur patrimoine à leurs enfants.

Ces opérations sont donc, en d'autres termes, des escomptes usuraires et souvent coupables, faits sur des ressources que l'argent lui-même est impuissant à faire produire, et dont la destruction en quelques heures devrait faire réfléchir à la longueur des siècles. Quand on a vu un gouvernement s'y montrer favorable, on a pu s'écrier : Dans quel *état* sommes-nous !

Pour disculper ce grand et intéressant propriétaire, l'Etat, de son imprévoyance, des hommes vivant de gros budgets vous disent : si on déboise, on replante, il y a compensation.

Cette remarque ressemble à celle-ci à propos de la guerre : si on détruit des hommes, il y a tous les jours des naissances,

Coups de fusil et coups de hache sont ici des arguments de la même force ; un homme en germe n'est pas plus un homme qu'un gland n'est un chêne.

Une raison fréquemment invoquée en faveur de l'opération lucrative des défrichements par ceux qui s'y livrent, et qui peut paraître un peu sérieuse, est celle-ci : les défrichements rendent à la culture des céréales des biens qui ne rapportent pas assez en bois. Cette raison est bien plus spécieuse que valable.

Il faut bien se persuader que nos pères, qui ont fait un bon choix pour Paris capitale, en ont fait pareillement un généralement bon pour les natures de terrain à laisser en bois et pour celles à cultiver en céréales.

D'un autre côté, nous sommes convaincu, avec beaucoup d'agriculteurs, que ce ne sont pas les étendues de cette dernière catégorie qui manquent, qu'il y aurait plutôt lieu de les réduire que de les augmenter ; car, ce n'est pas à la quantité, mais bien à la qualité, ou, si l'on veut, à la fertilité des fonds que se mesure la richesse territoriale.

Tous les terrains ne sont pas fertiles par eux-mêmes. Il en est qu'on ne peut faire produire, sans avoir recours aux travaux multipliés, aux fumiers, aux engrais. Quand ces éléments de production reviennent plus cher que la récolte ne vaut, il n'y a pas profit, mais perte pour la partie de la fortune publique due à l'agriculture. C'est là malheureusement le cas qui se présente chez nous, dans beaucoup de contrées, sur les sols déboisés de nos jours. On ne saurait donc trop stigmatiser les manœuvres spéculatives, qui ont pour résultat définitif d'aggraver la situation d'un pays, en portant atteinte à ses ressources de production les plus indispensables.

Quant à la perspective de qualité du sol qu'on prétend faire résulter du produit des récoltes qui suivent le défrichement, c'est le plus souvent un mirage trompeur qui s'évanouit au bout de quelques années, pour ne laisser après lui que regrets et déceptions. Si alors la terre pouvait parler, elle ne manquerait pas de se plaindre d'avoir été aussi *dépouillée*.

En faisant des défrichements un tableau aussi sombre, nous n'avons pas l'intention de les frapper tous d'une même réprobation ; il y en a quelques-uns, mais seulement quelques-uns, en faveur desquels il faut faire exception.

Il est certain que quelques terrains à basses altitudes, ou quelques plateaux de bonne constitution, peuvent donner les uns des prairies, les autres des terres arables d'un revenu plus élevé que celui des forêts. Nous conseillons à leurs propriétaires, lorsqu'ils croient devoir en faire l'objet d'un projet de défrichement pour en tirer des revenus plus élevés, de ne mettre ce projet à exécution que lorsqu'ils l'auront bien étudié, bien mûri en le combinant particulièrement avec toutes les ressources locales, et auront acquis de la sorte la certitude d'un important succès.

DES PRÉS.

La classe qui suit les bois dans l'ordre de placements que nous adoptons est celle des prés.

Ce genre d'immeuble, considéré à son état primitif, comme nous l'avons fait des bois, subit déjà plus que ces derniers l'influence de la température. Cette influence peut lui devenir pernicieuse, au point d'en amoindrir considérablement les produits et même quelquefois de les annihiler. Sans concevoir à ce sujet des craintes exagérées, on ne saurait nier que les prairies ne peuvent, pour produire, se passer absolument d'autres travaux, d'autres soins que ceux appliqués aux bois.

On distingue généralement trois sortes de prairies.

Les terrains composés de riches alluvions, ou jouissant d'une telle qualité de fonds qu'il y a peu à faire pour en en obtenir des revenus, forment la première, toujours très-recherchée.

Seulement, nous ferons observer qu'ils sont morcellés en raison de leur valeur, et que leur prix vénal est aussi gros que le morcellement est petit. Si intéressants qu'ils soient, ils ne peuvent donc entrer dans notre cadre.

Les terres sèches et celles imprégnées d'eau forment la seconde et la troisième. Pour produire, les unes et les autres exigent des dépenses. Il en résulte pour les prés comparés aux bois une moins-value évidente, moins-value que ne feraient même pas disparaître les travaux de drainage et d'irrigation les mieux exécutés, à cause des frais dont ils grèvent plus ou moins lourdement le revenu, par suite de l'entretien et de la main-d'œuvre qu'ils nécessitent. On sait déjà, du reste, ce que valent les irrigations ou les dessèchements isolés, et quels résultats on doit en attendre, en l'absence de repères pour former les mailles d'un réseau d'opérations générales.

Nous allons passer à la troisième classe de valeur rurale, c'est-à-dire à la dernière des trois grandes divisions des sols primitifs dont l'acquisition, au point de vue de la valeur intrinsèque, doit offrir le plus d'avantages à un acheteur.

TERRES ARABLES.

Pour trouver dans un placement en terres l'économie stricte que nous recherchons, il faut l'appliquer à une terre sans bâtiments de ferme. On le peut dans les bons pays de culture, mais en scindant les placements importants. Seulement alors si on ne se trouve pas tout à fait, comme pour les bons prés, en présence des petites bourses qui sont les plus nombreuses, on a la concurrence des moyennes qui vous font chèrement sentir toute l'importance qu'il faut attacher au prix de la terre lorsqu'on veut en faire l'assiette solide et certaine d'un capital et de ses revenus.

On voit de suite quel écart peut exister, même en l'absence de bâtiments, entre le revenu net d'une terre et celui d'un pré, entre le revenu d'un pré et celui d'un bois.

Dans les bois, peu ou point de main-d'œuvre, pas d'influence trop pernicieuse de la température, du soleil ou de la pluie, de la sécheresse ou de l'inondation.

Dans les prés, travaux déjà obligés et craintes souvent fondées de rentrer des récoltes de mauvaise qualité, avec des fonds bien achetés et réputés bons.

Dans les terres sans bâtiments, main-d'œuvre avec frais de culture et nécessité insurmontable de subir l'influence non équilibrée du chaud et du froid, du soleil et de la pluie.

Ces considérations sommaires s'attachent au sol, et conséquemment en ce qui concerne les terres qui, elles, bien entendu, sont affermées, sans avoir égard au prix de fermage.

Le changement de taux du revenu des biens, selon leur nature, et c'est le point saillant d'une distinction à faire, s'explique de suite, pour ces dernières, par la présence du fermier. Son travail, ses soins, et surtout les risques qu'il court, influent nécessairement sur le taux de l'intérêt ou plutôt du revenu net encaissable dans le sens d'une diminution, et cette diminution peut, à un moment donné, lorsqu'il y existe des constructions, — cas le plus ordinaire et même le seul qui se rencontre pour les propriétés dont nous avons à parler, — devenir considérable.

Les meilleures valeurs pour le capitaliste sont donc celles qui, en reposant sur le sol, ont pour objet les natures d'immeubles les plus primitives, les plus robustes contre les influences de la température, et celles dont la production coûte la moins grosse somme de travail.

Si nos vins seuls suffisent pour placer la France « à la tête des contrées agricoles de l'Europe, » nous ne pouvons nous dispenser d'expliquer pourquoi, malgré la place considérable qu'occupe la vigne dans notre richesse où elle entre annuellement pour 500 millions, cette nature d'immeubles ne saurait convenir à la généralité des acheteurs.

D'abord, les causes de sa production dépendent, pour ainsi dire *exclusivement*, des conditions atmosphériques, des degrés de latitude, de l'altitude et de l'exposition de son sol.

Ensuite la main-d'œuvre qu'elle réclame comporte tant de travail qu'elle place celui qui la cultive dans son entière dépendance. Aussi ne peut-elle être possédée d'une manière lucrative que par qui lui donne ses soins et ses sueurs et peut espérer en être convenablement rémunéré par la moyenne des produits qu'il doit en obtenir, tant en années ordinaires qu'en bonnes années.

La vigne, d'ailleurs, sauf quelques centaines d'hectares composant les grands crus qui ne conviennent et ne peuvent appartenir qu'à des fortunes considérables, est partout divisée et n'offre nulle part la perspective d'un placement à revenu certain. Pour peu qu'on se rende compte que ses revenus, déjà aléatoires, empruntent leur plus grande valeur au côté commercial, on ne saurait méconnaître qu'on ne peut en faire l'objet de grandes acquisitions comme les immeubles sur lesquels nous venons d'appeler l'attention.

CHAPITRE II.

DES GRANDES TERRES ET DE LEUR COMPOSITION.

1° Château, parcs et dépendances.

2° Fermes, terres et prés.

3° Bois.

4° Vignes.

5° Valeurs industrielles.

Des grandes Terres.

La première difficulté que rencontre un acheteur, la plus grosse au début de ses recherches, c'est de trouver une terre dont la composition lui convienne. Cette difficulté devient incroyable, s'il partage l'erreur trop commune et trop répandue de croire que la nature est « une boutique où l'on peut tout avoir en payant, surtout en payant comptant. »

Un acheteur ne doit point s'illusionner et s'imaginer qu'il peut obtenir d'un vendeur, quelle que soit sa position, de la qualité, du beau, du grand, et, en même temps, du bon marché. Si toutes les valeurs solides ont du prix, c'est, avant tout, celles en biens-fonds ayant la qualité pour base.

Les véritables occasions, dont on fait si abusivement tant de bruit dans les annonces de ventes d'immeubles, n'existent pas plus pour l'acquisition d'une terre que pour l'achat *à bas prix* d'une créance sérieusement garantie.

Tout le monde sait, comme nous, du reste, ce qu'il faut penser de ces excellentes propriétés qui sont.... toujours à vendre.

Nous possédons en France depuis plus d'un demi-siècle un agent éminemment révolutionnaire en fait d'immeubles, mais révolutionnaire pacifique, puisque sans faire le moindre mal, quoique pensent, disent et écrivent à son sujet les pessimistes, sans causer la plus mince surprise, sans produire la plus petite catastrophe, il a civilisé, moralisé et enrichi en fournissant à notre pays sa plus grande force nationale ; cet agent, c'est le morcellement. Seulement, comme il accomplit son œuvre bienfaisante en commençant par les meilleurs morceaux, ou par ceux dont le débit doit présenter des avantages, il est facile de s'expliquer la diminution toujours croissante des grands domaines et tout particulièrement des grands domaines composés de fonds de qualité.

Donc, chimère de croire ou de vouloir faire croire à l'existence, de nos jours, de coins oubliés et restés inconnus, renfermant quelques centaines d'hectares, où le chanvre doit pousser d'une manière luxuriante. Les renseignements mensongers et absurdes sont bien plus faits pour éloigner de la propriété l'amateur étranger par ses occupations aux produits de la terre que pour l'en rapprocher. Un acheteur qui a la bonhomie de se laisser prendre aux apparences ne tarde pas à devenir un possesseur mécontent et souvent un ennemi de la propriété.

Il n'y a pas plus à compter sur de véritables occasions de bon marché en acquisitions de biens-fonds que sur la réputation de certaines provinces pour s'y procurer ceux que l'on désire.

Sans doute, les régions et les départements, considérés dans leur ensemble, présentent sous le rapport des produits, des quantités et des qualités de leur sol, des différences remarquables, mais ces différences ne modifient en rien la raison d'être grandes des terres et n'apportent, par conséquent, aucun changement à leurs éléments de production et de revenu. L'essentiel, à l'égard d'une propriété, est de bien se rendre compte des inconvénients qui y sont attachés. Le plus grave, selon nous, est que sa revente présente des difficultés.

C'est donc une erreur de s'attacher à des noms géographiques et historiques, quand il s'agit d'acheter des terres, car il en existe de très-mauvaises dans les provinces réputées bonnes et de très-bonnes dans les provinces réputées mauvaises. Il est vrai que la présomption qu'ils font naître s'évanouit au premier examen. Nous savons cependant qu'elle influe, malgré tout, sur l'esprit de certains amateurs.

La renommée d'une contrée n'est à prendre en considération que pour ses produits exportables ; elle leur communique un relief dont le commerce sait bien profiter, user et trop souvent abuser.

A l'égard des fonds de terre, cette renommée peut cependant fournir une indication utile ; car on n'ignore pas que les bonnes provinces possèdent moins de grandes propriétés que les autres, et que celles qu'elles renferment en occupent les parties inférieures en qualité ou désertes. Et comment en serait-il autrement ? N'est-ce pas, en effet, dans les meilleures contrées que le morcellement, ce gourmand de bons morceaux, a toujours commencé ses opérations, sans les perdre de vue, et avec la volonté arrêtée d'y revenir à la première occasion ?

Il est donc certain qu'une terre située sur un bon territoire, au centre d'une population nombreuse, agglomérée et agricole, ne peut être mise en vente sans être de suite recherchée par beaucoup d'amateurs, et notamment par *cette bande noire*, objet de tant de mépris de la part d'un certain monde. A moins de gênes exceptionnelles créées par des formalités judiciaires, elle sera le plus souvent achetée par la spéculation ; car la spéculation a des moyens d'en tirer parti qui lui permettent de porter ses offres à un prix élevé.

C'est ici le lieu de nous livrer à quelques observations sur la division d'une terre et sur l'utilité de l'adopter, lorsque quelques portions peuvent en être détachées et revendues sans nuire à l'ensemble et sans créer de servitudes, inconvénient grave dont on ne saurait trop se garder.

Le voisinage d'une ville ou seulement d'un village important, où l'agriculture prospère et forme l'industrie principale, suffit souvent pour assurer à une propriété un prix bien supérieur à celui qu'on la vendrait si elle était isolée. A plus forte raison en sera-t-il ainsi, si elle prête à un lotissement devant donner, d'une manière à peu près certaine, des résultats avantageux.

Dans ce cas, il devient urgent, disons plus, indispensable de se livrer à une étude approfondie des questions que soulève son exécution. Ces questions, qui découlent et des circonstances et de la situation des lieux, sont nombreuses, délicates, et pour la plupart, difficiles à résoudre. Elles sont, en outre, trop variées et exigeraient trop de développements, pour que nous essayions de les passer en revue dans le cadre restreint de cet écrit.

Nous nous bornerons à conseiller aux acheteurs de ne se risquer pour leur compte dans les chances d'une pareille spéculation, si elle engage la plus grande partie du prix d'acquisition, qu'avec une extrême prudence, après avoir acquis la certitude de donner une solution heureuse à toutes les questions dont nous venons de parler et s'être pénétré de l'inflexible vérité de cet adage : *chacun son métier*.

Lorsqu'une revente ne doit porter que sur une fraction du prix, l'acheteur, nous n'hésitons pas à le déclarer, même jusqu'à concurrence d'environ moitié, ne risque absolument rien. Il y trouvera certainement, s'il est complètement maître de l'opération, l'avantage de la plus-value au profit de la valeur vénale qui existe, en quelques cas exceptionnels, entre cette valeur vénale et la valeur locative, et pour résultat final la *magnifique occasion* tant chantée sur tous les tons par les organes de la publicité.

Ce moyen de tirer profit d'une acquisition, est le seul que nous connaissions pour obtenir du bon marché dans les placements en terre. Il n'est ignoré de personne, mais sa mise en pratique n'est ni du goût ni à la portée de beaucoup d'amateurs. Aussi l'aurions-nous passé sous silence, si nous n'avions trouvé utile de signaler à l'attention des acheteurs quelques détails sur les transmissions immobilières dont l'importance pourrait bien leur échapper.

On ne doit pas perdre de vue que les grandes étendues de terre ont la même origine, qu'elles sont pour la plupart aujourd'hui des restes de spéculations anciennes ou récentes, et que, pour leur subdivision, on ne pourrait se livrer trop sérieusement à un examen attentif des chemins, des passages, des vues, des plantations, des clôtures, des parcours, de la chasse, en un mot, de toutes les parties qui les composent ainsi que des droits et charges qui en dépendent, à cause des mécomptes et des difficultés sans nombre auxquelles donnent toujours lieu les propriétés et jouissances mal comprises, incomplétement définies ou déterminées soit dans les actes, soit sur le terrain.

Les amateurs, qui redoutent tant d'acheter directement de la spéculation quand ils le savent, deviennent donc très-souvent, à leur insu, propriétaires d'immeubles qui lui ont appartenu.

Au risque de nous heurter contre un préjugé de certains acheteurs, faisons observer à ce sujet qu'il est souvent préférable d'acquérir d'un spéculateur que de tout autre. D'abord, ce propriétaire cosmopolite s'entend on ne peut mieux en achat, cela est hors de doute. Ensuite, comme il n'a en vue, dans ses opérations, que la revente immédiate avec bénéfice, dès qu'il trouve à réaliser ce bénéfice dans la partie détaillable de son acquisition, vous rencontrez en lui, à l'égard de celle qui ne l'est pas, le plus accommodant des vendeurs. Il ira même jusqu'à vous dire, mais vous n'êtes pas forcé de le croire, qu'il veut vous faire profiter de ses chances pour le lot qui peut vous convenir.

Si, au contraire, ce morceleur s'est trompé dans ses calculs, il a hâte, croyez-nous, de se tirer d'un mauvais pas en revendant, coûte que coûte. Son erreur, par exemple, ne le rend pas aussi *aimable*, car elle pèse toujours impérieusement et souvent fatalement sur ses intérêts, en le plaçant en face d'un grand ennemi, l'immobilisation d'un capital. Plus le capital est gros, plus la revente devient pressante.

Un acheteur pour conserver peut donc, sans rien risquer, en se tenant dans l'expectative et en prenant les précautions nécessaires pour éviter les mécomptes et les difficultés dont nous avons parlé, acheter d'un spéculateur placé dans les conditions que nous venons de signaler, une propriété qui lui convient.

1° Château, parc et dépendances.

C'est toujours par la visite de l'habitation, — appelons le château, ne pouvant faire mieux, — et de ce qui l'entoure que commence l'examen d'une terre, et c'est très-souvent cette partie accessoire qui entraîne l'achat de la partie principale.

Après cela, honneur à vous, Messieurs les dignitaires du million, et loin de nous la pensée de critiquer vos goûts pour les styles, ni vos prédilections pour les œuvres d'art !

Simple observateur depuis longtemps, nous ne voulons qu'exprimer ici notre opinion sur la part à faire à l'agrément dans l'ensemble d'une propriété.

L'agrément ! Voilà un bien dont il est difficile de préciser l'importance et la valeur ! Il s'offre à nous sous bien des aspects et les appréciations dont il est l'objet sont souvent très-diverses. Il existe pourtant un agrément, sur la valeur duquel, comme sur celle de l'argent, tout le monde est d'accord, c'est celui de la santé. Aussi un site salubre, bien doté d'eaux potables, est-il le premier mérite d'une propriété et de son habitation.

Le morcellement, avons-nous dit, est un bienfait, ajoutons que sans château ce bienfait n'existerait pas ;

car c'est par la grande fortune immobilière, n'en déplaise à ses ennemis, que nous vient la petite.

Les villages ont commencé par un château.

Attirées par les grands travaux à exécuter et à poursuivre sous l'impulsion de son propriétaire pour la mise en valeur des terrains, la création des prés, l'exploitation des bois de son domaine, certaines qu'ils assureraient leur existence et les conduiraient petit à petit à l'aisance et au bien-être, les populations sont accourues se grouper autour de lui et ont formé un premier noyau qui a continué à grossir au fur et à mesure qu'ils se développaient.

Ce n'est que lorsque leurs besoins, aidés de petits gains, ont poussé la première transformation du sol dans une autre voie, que le château, ce premier jalon de la civilisation, a disparu, pour faire place à la petite culture. Au château, au grand propriétaire revient donc l'honneur de cette première transformation.

Traquées par le morcellement, les grandes propriétés vont se reformer et bâtir leurs châteaux dans les contrées à l'abri de ses atteintes, là où sans une fortune acquise, un capital important et une direction intelligente, il serait impossible de rien obtenir de la terre.

A chacun donc sa part d'action bienfaisante dans la marche des transformations successives du sol. Aux grands propriétaires la première mise en valeur, sans laquelle des contrées entières seraient encore en friche, et aux petits la continuation de l'œuvre par le travail et l'économie. Les propriétés immobilières, si on en juge par leur étendue et leur variété, resteront encore longtemps suffisamment nombreuses pour le bonheur de tous, des grands et des petits, des riches et des pauvres.

Le lecteur voudra bien nous pardonner cette quasi

digression, et accepter, comme excuse de nous l'avoir permise, notre crainte de passer aux yeux de certains pour un fanatique du morcellement.

Maintenant revenons, comme nous l'avons promis, à dire un mot de la part à faire à l'agrément, lorsqu'on achète.

Celui qui se laisse trop facilement aller à l'acquisition d'une terre, à cause de l'habitation, ressemble un peu à un amoureux qui se laisse entraîner au mariage par le seul charme de la beauté de figure de sa future, avec cette différence qu'elle ne le conduit pas à des conséquences aussi graves.

Une première précaution à prendre pour éviter cet entraînement quand on visite une terre, c'est d'avoir toujours présent à la mémoire son revenu qu'une donnée approximative doit déjà faire connaître.

Un beau château, de grands communs, de vastes jardins d'agrément et potagers, un parc étendu exigent, *pour durer*, de l'entretien et du personnel. Aux grandes dépenses, il faut de grandes recettes. Toute terre, qui nécessite ces grandes dépenses sans procurer en même temps de gros revenus qui s'harmonisent avec elles, est un boulet aux pieds, dont le poids, tôt ou tard, trouble la quiétude de son propriétaire.

Le discrédit d'une terre n'a trop souvent d'autre point de départ qu'une acquisition dont les conséquences plus ou moins funestes résultent des charges et frais en quelque sorte inévitables d'un château.

Il nous a été raconté qu'un chatelain, *gêné* par ses conditions et habitudes de grandeur, mais voulant à tout prix en conserver le prestige auprès de la population qui l'entourait, et maintenir la devise : *noblesse exige*, en fut réduit à sonner lui-même son dîner quand il était seul à se mettre à table. Ce chatelain fournit une nouvelle preuve à joindre à mille autres que le luxe de belle et somptueuse tenue d'une propriété, lorsqu'il ne peut être que passager, devient bientôt le contraire de l'agrément, et que, par conséquent, on ne saurait trop compter avec lui.

Après l'avantage d'un bon site, il y en a un autre très-important à signaler pour un château, celui de belles dépendances. Lors de la visite de ces dépendances, l'acheteur doit porter toute son attention sur la santé, la force et la puissance de végétation des arbres à fruits et des plantations jeunes ou vieilles des jardins, ainsi que sur la vigueur, suivant les essences, des arbres d'agrément et des futaies du parc. — Passe encore de bâtir, a dit le poète, mais planter !... A l'âge où on peut devenir grand propriétaire, il faut des ombrages et des ombrages tout faits.

Nous l'avons déjà dit et nous ne saurions trop le répéter, l'importance des châteaux et des communs, l'étendue des jardins et du parc, et l'entretien du tout doivent donc être proportionnés aux produits de la terre sur laquelle ils sont placés.

Par exemple, comme l'insinuent les paroles du poète que nous venons de citer, il n'est jamais sage de bâtir; car la maladie des constructions mène celui qui en est atteint à l'appauvrissement. Il suit de là qu'une acquisition, qui rend indispensables de grandes constructions, doit être soigneusement évitée.

Il nous reste, sur le sujet qui nous occupe, une dernière observation à faire, mais celle-là capitale, quoique connue de tout le monde, tant elle a déjà été reproduite, et qu'un acheteur ne doit jamais perdre de vue :

Une terre doit posséder des moyens d'accès faciles et

nombreux. Il ne suffit pas d'avoir beaucoup de produits, il faut pouvoir les écouler à des prix avantageux. Une voie ferrée, qui amène promptement le propriétaire à son château, n'est pas le seul *chemin* indispensable à la prospérité agricole d'une propriété.

2° Fermes, terres et prés.

A moins qu'on ne veuille en surveiller l'exploitation, il est bon qu'une ferme soit un peu distante de l'habitation de maître. Le voisinage des animaux de basse-cour, la présence des fumiers et des insectes qu'ils attirent, le désagrément probable d'avoir à exercer tôt ou tard des servitudes concurremment avec le fermier, sont autant d'inconvénients qu'on doit s'efforcer de fuir.

Contrairement à ceux d'un château, les bâtiments d'une ferme peuvent être vastes sans amoindrir le revenu, car les produits du sol sont appelés à augmenter, c'est du moins la perspective du placement sur une grande propriété. Des constructions toutes faites et peu couteuses d'entretien sont donc une économie en vue de l'avenir.

Cependant, si l'on rencontre, dans des fermes, des bâtiments spacieux et commodes, il ne faut pas pour cela se hâter de les croire toujours en rapport avec l'étendue des terres cultivées. Les considérer comme fournissant l'expression exacte de la valeur productive de cette étendue, serait un tort; sur ce point, une étude est à faire.

On a souvent posé à nos agronomes cette question :

A quoi peut donc tenir le mauvais état et l'appauvrissement de la culture dans les contrées de grandes terres? Leur réponse à tous a toujours été la même : A la mise en labour de trop grandes étendues. En effet, les dépenses de culture, quelles qu'elles soient, même les plus intelligentes, y sont toujours insuffisantes, et par suite sans bon résultat; appliquées, au contraire, à une surface moindre, mais de terre de bonne qualité et choisie de manière à ce que les terrains moins fertiles formant le surplus puissent être convertis en plantations d'arbres appropriées d'après les essences à la nature de leur sol sans gêner l'exploitation, ces mêmes dépenses deviennent de suite et pour toujours productives.

Lors donc qu'un acheteur se voit en présence de terres affermées, sur lesquelles la mise en labours occupe une trop grande surface, il doit en calculer le revenu, non sur la quantité d'hectares cultivés, mais sur celle à maintenir en culture, déduction faite des frais des reboisements jugés nécessaires et en prenant en considération, s'il y a lieu, les faibles produits que pourront fournir ces reboisements dans un avenir éloigné.

Autant il importe de s'affranchir des grandes surfaces de terres médiocres, autant il faut rechercher les prés et les terrains propres à convertir en prairies. La création des prairies est facile, quand, pour l'effectuer et rendre ces prairies fertiles, on a le secours de l'eau ; mais ce secours est indispensable. L'eau n'est pas seulement dans une propriété « la grâce de la nature », elle y est aussi la base de la production agricole.

Vendeurs et acheteurs connaissent assurément les avantages des prairies naturelles. Le soin pris dans toutes les ventes d'indiquer avec emphase, aux affiches et aux annonces, les grandes quantités de bons terrains à transformer en prés en est une preuve irrécusable. Au risque de commettre les plus grosses erreurs, erreurs que tout amateur a le plus grand intérêt de toujours s'efforcer de reconnaître et de percer à jour, jamais la description des immeubles n'est muette sur ce point. On ne peut s'étonner que d'une chose, c'est de voir le problème de transformation de ces grandes quantités de bons terrains en prairies, annoncé pompeusement comme si facile à résoudre non encore résolu. Un acheteur doit s'enquérir des motifs qui en retardent la solution. Lorsqu'il le fait, il reconnaît le plus souvent qu'ils sont dus aux difficultés qu'elle présente. Au nombre de ces difficultés, il en est une qu'il faut surtout noter comme la plus fréquente et la plus considérable, c'est l'existence sur les cours d'eau d'usines, dont les droits acquis et les intérêts sont en désaccord constant ou en opposition complète avec ceux des propriétaires des fonds mis en vente. Il n'est pas rare de rencontrer dans les dispositions tracassières des réglementations administratives de ces usines une source inépuisable de conflits qui rendent la pratique si utile des irrigations à tout jamais impossible.

Bien que toujours émargées avec le plus grand soin par un vendeur dans la colonne des produits, les prairies ont, comme les terres, des parties faibles et souvent stériles. Telles sont celles formées sur des terrains bas, déprimés, voisins immédiats et au niveau des cours d'eau. Il y a donc une distinction à faire entre les bons prés et ces sols tourbeux et marécageux peu susceptibles d'amélioration, du moins en ce qui concerne la qualité des récoltes. Les assainir est tout ce que l'on peut tenter. Leur trop grande perméabilité s'oppose au succès de tout ce que l'on entreprendrait pour en changer la nature spongieuse.

Quand un acheteur a recueilli, comme nous venons de l'indiquer, dans sa visite des bâtiments, terres et prés d'une ferme, toutes les données nécessaires pour en bien apprécier les avantages et les inconvénients ainsi que la valeur, il lui reste encore trois points importants à examiner : les moyens d'exploitation, la tenue intérieure de la ferme, et, enfin, le mérite et la valeur du fermier.

Les moyens d'exploitation ne peuvent être bons qu'autant qu'ils sont rendus faciles par la situation des terres et des prés autour et non loin des constructions et par de bons chemins convenablement établis pour les bien desservir dans toute leur étendue. En effet, il importe essentiellement, pour le succès d'une grande culture, que les transports des fumiers, des engrais, et spécialement des produits de la terre s'effectuent économiquement, avec les plus grandes facilités. Les avantages de rentrer promptement les récoltes sont incalculables ; les fermiers n'en connaissent pas de plus grands. Ceux de bonnes routes pour conduire aux marchés, et de marchés peu distants, sont ensuite les plus précieux.

A l'égard de la tenue intérieure de la ferme, soit qu'il s'agisse de fermiers, soit qu'il s'agisse de métayers, elle doit toujours être irréprochable. Là où règnent l'ordre, la méthode, les soins entendus, les précautions de toutes sortes, se produisent toujours, comme conséquence nécessaire et en quelque sorte infaillible, les meilleurs résultats. Il est hors de doute que la propreté de l'habitation, celle des écuries et vacheries, l'arrangement de la basse cour, la beauté et le nombre des bestiaux reflètent au plus haut degré ces qualités. On ne saurait donc trop engager un acheteur à en faire l'objet d'une très-sérieuse attention.

Quant au mérite et à la valeur du fermier, pour comprendre l'intérêt à y attacher, il suffit de se rappeler cette vieille maxime : « tant vaut l'homme, tant vaut la terre. » Il y a un moyen simple de s'en rendre compte d'une manière au moins sommaire, c'est de prendre dans le village qu'il habite et dans les villages voisins, avec la plus grande discrétion, des renseignements aussi circonstanciés que possible sur son savoir, son caractère, son intelligence, son travail, sa gestion, ses ressources, son honorabilité, sa réputation et celle de sa famille. Certains de ces renseignements sont d'une haute utilité ; car on ne doit pas oublier que si, comme nous l'avons conseillé, des diminutions sont à faire sur les étendues de culture trop grandes, ces diminutions doivent être mises en harmonie avec la position de fortune et le talent de l'exploitant.

3° Bois.

Le mot bois ne peut être prononcé, sans éveiller dans l'esprit une idée d'agrément, et dans la pensée de quelques chercheurs de propriétés une idée de spéculation; si la désignation de la terre mise en vente mentionne de grands bois, l'imagination travaille aussitôt, et vite les comptes d'intérêt d'aller leur train.

Un peu de réflexion doit ramener sur le terrain de la réalité, et convaincre que l'abattage des grands bois, s'il en existe, devra déranger l'économie des revenus.

En effet, ne sait-on pas que le motif de la mise en vente d'une terre est, le plus souvent, synonyme de besoins, l'antipode d'aisance ? C'est donc une erreur de compter trouver une *affaire* dans les bois faisant partie d'une grande propriété où existe un château. On connaît l'instrument, dont le nom est adopté pour faire connaître et toucher du doigt, en quelque sorte, la gêne pécuniaire d'un propriétaire forestier ; cet instrument tout pastoral est le *haut-bois*. Jouer du *haut-bois* est un art d'agrément, que les propriétaires dans le besoin ne se privent pas de cultiver.

A l'occasion des terres, nous avons blâmé les trop grandes étendues mises en culture. On doit se demander si les bois ne doivent entrer dans la composition d'une propriété que dans une certaine proportion sous le rapport de l'étendue. En effet, en ce qui les concerne et sous ce rapport, une certaine proportion peut être utile; mais nous regardons comme impossible de l'indiquer à l'avance. Les conditions de situation, les natures diverses des immeubles réunis, les avantages et inconvénients qu'ils se prêtent mutuellement, les écarts entre leurs revenus et leurs charges, sont autant de raisons qui la rendent variable, et qu'un acheteur doit bien peser pour asseoir judicieusement son appréciation. Aussi, n'est-ce qu'en prenant les bois isolément, c'est-à-dire avec la faculté de les choisir n'importe où, et indépendamment d'autres natures de biens suceptibles d'en modifier l'économie, que nous leur accordons le premier rang parmi les biens ruraux pour les gros placements.

D'ailleurs, qu'on le sache bien, un grand domaine d'un seul ensemble ne se compose pas facilement et tout à la fois de bonnes fermes et de grandes étendues de bois contigus, et voici pourquoi : à cause de leur situation contre des terrains en labours, ces dernières n'ont d'autre raison d'être, le plus souvent, que la médiocrité de leur sol, placent les fermes dans un éloignement malheureux des centres de populations, et rendent, pour ainsi dire, permanents les dégâts et souvent la destruction des récoltes par le gibier sur les terres labourables qui les bordent, ainsi que les procès ruineux entre propriétaires, fermiers et tenanciers, qui en deviennent la conséquence.

Lorsqu'un amateur a reconnu la proportion des bois

convenable, il doit porter ses investigations sur les débouchés ouverts ou à ouvrir à leurs produits, et s'assurer, du moins autant que cela est possible, si l'écoulement de ces produits est et doit rester toujours prompt, facile et fructueux, s'il donne des revenus plus ou moins variables.

Les bois dont la consommation ne peut avoir lieu que sur place, soit par des usines établies sur la propriété, soit par celles voisines (les massifs alimentant les forges et hauts fourneaux sont de ce nombre), n'ont qu'un revenu *dépendant*, toujours susceptible de grandes fluctuations. Ceux dont les coupes sont livrées annuellement au commerce marchand soumis à la concurrence sont dans le cas contraire.

Malgré la difficulté et peut-être même à cause de la difficulté de trouver de beaux bois, nous restons partisan de voir entrer dans une forte proportion ce genre d'immeubles dans une grande propriété. Les ressources qu'il procure et les économies qu'il accumule *jour et nuit* sans travail sont incalculables. Il offre, en outre, l'avantage sur des grandes fermes de procurer toute facilité dans une succession pour composer des lots égaux.

Aux raisons qui nous font préférer les bois aux autres immeubles s'en joint une dernière, que nous aurions passée sous silence si elle ne s'appliquait à l'hygiène. On sait le rôle important que l'opinion générale fait jouer aux bois, au point de vue climatologique et hydrologique. Malgré la tentative de contradiction dont elle est l'objet de la part de quelques savants, il reste hors de doute, pour tout le monde, que les contrées boisées sont les plus saines et celles où le régime des eaux est le meilleur, c'est-à-dire où les eaux conservent un cours plus normal en toute saison.

4° Vignes.

Il nous reste peu à ajouter à ce que nous avons déjà dit sur les vignes. Leur présence dans une terre, quand le vin en est seulement passable, indique une latitude qui permet de rester plus tard à la campagne.

Dans une grande propriété, la vigne ne doit occuper que peu d'espace, quelques hectares seulement, car sa culture nuit à l'engraissement des bestiaux. Elle réclame, ainsi que nous l'avons fait remarquer, beaucoup de bras, consomme des fumiers sans en rendre et épuise le sol. Il est évident qu'elle ne serait qu'improductive, si on la pratiquait sur une grande échelle. Mais elle a pour le propriétaire un petit mérite qui a sa valeur, celui de le mettre à même d'offrir du vin de sa vigne, et, par ce moyen, grâce à sa qualité souvent contestable, de faire ressortir, dans les réceptions du château, celle des vins des *grands crus*.

5° Des valeurs industrielles.

Nous entendons par valeurs industrielles, en fait d'immeubles, celles dont les produits résultent non de l'exploitation des terres, prés, bois et vignes, mais de l'exploitation d'une industrie. Telles sont les usines et les fabriques, souvent si utiles au développement de la richesse agricole d'une grande propriété qu'elles en deviennent l'auxiliaire indispensable.

Pour donner les bons résultats qu'on est en droit d'en attendre, ces usines et fabriques doivent réunir certaines conditions, savoir :

1° Une valeur première restreinte ;

2° Un bon emplacement;

3° Des dépenses d'entretien modérées;

4° Un prix d'estimation également modéré et en harmonie avec leurs revenus.

Entrons dans quelques détails sommaires.

La première condition, *une valeur première restreinte* est importante. — On ne saurait nier sans doute que l'établissement de certaines industries, celui d'une distillerie, par exemple, est très-heureux pour une grande terre, lorsqu'elles ne sont créées que pour elle, car elles assurent l'écoulement de ses produits à des prix largement rémunérateurs ; mais on ne saurait nier davantage qu'il cesse d'en être de même, dès que leur trop grande importance les oblige à recourir à d'autres produits qu'aux siens pour s'alimenter et à augmenter beaucoup le prix de journée des ouvriers des campagnes.

La seconde, *un bon emplacement*, ne l'est pas moins.— Que de fabriques, pour occuper une place plutôt qu'une autre, occasionnent sur une grande terre une pénurie sensible d'ouvriers, avec elle une forte augmentation de leurs salaires, et par suite un accroissement pernicieux de dépenses! Que d'usines, au contraire, telles que les moulins, dont le travail n'est que mécanique en quelque sorte et peu de mains d'hommes, amènent, avec le concours des eaux qui les font mouvoir, les plus surs éléments de fertilité et de production du sol!

La troisième, celle *des dépenses d'entretien modérées*, a son genre d'utilité spéciale. — L'entretien des bâtiments, du mécanisme et de l'outillage d'une usine est plus ou moins lourd, selon l'importance et l'imminence plus ou moins grandes des réparations qu'ils exigent, ainsi que des transformations qu'ils réclament et que rendent souvent inévitables, pour conjurer les dangers de la concurrence, les progrès toujours croissants de la science mécanique. Il en résulte que, tandis que la rente de la terre prend une marche toujours ascendante, celle des usines prend la marche contraire.

La quatrième, *un prix d'estimation égalment modéré et en harmonie avec leurs revenus*, est à signaler d'une manière particulière. — De ce qu'une usine a coûté très-cher à établir, il ne s'en suit pas nécessairement, lors même qu'elle ne daterait que de quelques années, qu'elle vaille un prix élevé au moment de sa mise en vente. C'est presque toujours le contraire qui est vrai. Sa valeur n'a et ne peut avoir pour base que les revenus qu'elle peut donner, en prenant en considération les lourdes charges de son entretien et la prévision des dépréciations que le temps et les innovations de l'avenir lui réservent. Après supputation, cette valeur devient toujours minime, eu égard à celle qu'on est tenté de lui accorder au premier abord.

Ces détails doivent suffire pour faire comprendre au lecteur que l'estimation d'une usine ou fabrique est à faire à part, en tenant compte, bien entendu, des circonstances qui la rendent plus ou moins utile ou même nécessaire à la propriété.

Nous ne pouvons omettre, en terminant ce chapitre, de recommander aux amateurs qui veulent consacrer la plus grande partie de leur fortune à l'achat d'une terre, de bien se garder de la chercher parmi celles qui n'ont qu'un fermier, qu'une seule source de revenus. Tout le monde reconnaît qu'un gros placement en valeurs de bourse n'est prudent et sage qu'autant qu'elles sont variées et ne subissent pas les mêmes fluctuations. Il est essentiel d'éviter dans ces valeurs les écueils d'un risque unique à courir, risque qui, par cela même, peut parfois devenir désastreux, il l'est pareillement d'éviter les mêmes écueils dans les valeurs d'agrément.

CHAPITRE III.

DES PRIX & DES REVENUS.

A voir tout l'argent dépensé et souvent gaspillé dans les habitations de quelques grandes propriétés et ce qui les entoure, il semble que, pour certains, ce métal n'a d'autre prix que la jouissance qu'il procure de satisfaire des goûts de luxe.

Loin de nous la prétention de rien faire changer au faste qu'on y déploie. Néanmoins, nous ne saurions nous empêcher de faire remarquer qu'une plus large part de dépense, consacrée aux améliorations foncières, servirait mieux les vrais intérêts de ceux qui les possèdent, et serait le meilleur moyen de faire promptement cesser les plaintes qu'on les entend si fréquemment formuler sur l'insuffisance de leurs revenus.

Pour assurer d'abord et faire progresser ensuite les revenus, et avec eux la valeur des biens-fonds, divers soins sont à prendre.

Le plus indispensable de tous, celui que nous érigeons en principe est, ainsi que nous l'avons déjà dit, d'acquérir de manière à pouvoir revendre facilement. Ce principe peut paraître paradoxal ; il est cependant le secret des bons placements, la clef des bonnes acquisitions.

La facilité de revente d'une propriété dépend toujours beaucoup, et souvent uniquement, de la place qu'elle occupe.

Chaque centre important de population exerce une influence particulière sur les prix et les revenus des propriétés. Cette influence est parfois telle que le revenu s'efface devant des convenances extraordinaires, où le prix n'a pour borne que la fortune des acheteurs.

La distance de ce centre aux propriétés agit donc plus ou moins sur leur valeur, et leur revenu surtout peut en être sensiblement affecté. Ainsi, si on venait proposer à un acheteur du 6 pour 0/0 en terres situées hors de France, il refuserait, à n'en pas douter. Serait-ce par dédain de la rente ? Non, assurément. Mais ne pouvant voir à son gré et visiter à ses aises ce qu'il achèterait, à cause des longs et fastidieux voyages qu'il lui faudrait sans cesse entreprendre, il rencontrerait, dans les privations de leur jouissance résultant de l'éloignement, une cause déterminante pour renoncer de suite à en devenir propriétaire.

Non-seulement on désire aller et retourner à sa terre, mais on veut aussi y conduire ses amis et ses proches.

Une propriété qu'on ne pourrait habiter ni *faire voir*, ne serait qu'une valeur sèche, aussi sèche qu'un titre de rente; et encore le détenteur du titre d'acquisition n'aurait-il pas toujours la certitude « de chiffrer la nature et d'additionner le paysage. »

Le centre le plus considérable, celui dont l'influence sur les prix et les revenus s'étend le plus loin, est Paris. Les vendeurs s'en exagèrent même étonnamment la portée, ne se rendant pas bien compte qu'au-delà d'un certain rayon, les produits de la terre n'ont rien à gagner sous le rapport du prix marchand.

Cette grande cité, où se construisent et s'écroulent tour à tour tant de fortunes, exerce une telle puissance d'attraction sur toutes choses, qu'on peut lire souvent, dans les annonces, les lignes suivantes : « A vendre une belle et bonne terre à 15 heures de Paris, » qu'on y a insérées sans réfléchir que 15 heures représentent 4 à 500 kilomètres, et qu'à pareille distance, le mérite réel d'une terre ne peut jamais manquer d'être apprécié, dans une grande ville infiniment plus rapprochée, par un capitaliste disposé, lui aussi, à joindre au prix de la valeur intrinsèque du sol, celui de la jouissance de « faire voir, » qui ne touche l'amateur parisien que de trop loin.

Les trajets à parcourir jouent donc un rôle sérieux dans la fixation du prix des immeubles.

Les chemins de fer, en rapprochant les distances, lui ont imprimé une notable augmentation. Cependant, ce n'est qu'au-delà de 20 kilomètres que l'effet s'en fait sentir. En deçà, les grandes propriétés n'ont rien gagné au rapprochement. Leur prix, élevé depuis longtemps, est resté stationnaire. On n'en remarque que quelques-unes, celles favorisées d'une situation privilégiée pour des spéculations de campagne, qui fassent exception. Il n'y a à cela rien d'étonnant. La distance à parcourir de Paris à la propriété, exigeant à peu près le même temps, quelquefois plus, en chemin de fer qu'en voiture, la voie rapide n'a rien ajouté aux facilités de communication par les grandes routes.

Les avantages du voisinage de Paris ne sont pas seulement recherchés des acheteurs ; ils le sont encore plus des fermiers. Les uns et les autres poussent ainsi ensemble et simultanément à une concurrence effrénée, d'où résultent des prix sans limites. Plusieurs considérations aident à l'accroissement de ces prix.

La principale, la dominante même, puisqu'elle flatte l'amour-propre, c'est que la grande terre à laquelle s'attachent le plus de prérogatives est celle placée dans ce voisinage.

Une autre à signaler, c'est qu'une plus-value est venue depuis 20 ans s'ajouter au prix primitif des grands domaines non éloignés de Paris, par la location de la chasse jadis inusitée et maintenant assez importante pour figurer dans les éléments de leur estimation.

Mais, nous dira-t-on, le revenu de cette location se maintiendra-t-il ? Qui pourrait en douter ! La jouissance du plaisir de la chasse est limitée à des territoires dont l'étendue reste la même, tandis que les désirs de se la procurer croissent avec les générations. Du reste, il est permis d'espérer que Paris, avec ou sans gouvernement, malgré ses meurtrissures, renfermera toujours une classe exubérante et aisée de population passionnée pour la chasse et pour la conservation du gibier. Une diminution du revenu de location de la chasse n'est pas à craindre.

On vient de voir que le voisinage de Paris influe d'une manière remarquable sur le prix des grandes terres, leur situation influe également sur ce prix, tantôt en hausse, tantôt en baisse, selon les avantages ou les inconvénients qu'elle présente.

Occupent-elles un pays de promenades, de belles eaux, de vues et de voisinages agréables, sans qu'il doive en résulter un centime de plus de revenu, le prix en sera plus élevé. Leur situation enviée et recherchée amène la concurrence, et alors c'est en face d'elle qu'il faut placer son budget et avoir l'œil ouvert sur les recettes et les dépenses.

Occupent-elles, au contraire, une contrée sujette à subir de temps à autres des dégâts d'une nature quelconque, leur prix tendra un peu à la baisse.

C'est ici le lieu de présenter quelques observations sur une cause de dépréciation, à laquelle semblent devoir être sujettes les propriétés bordant le cours de quelques fleuves et de quelques rivières, et que souvent l'imagination exagère : nous voulons parler des inondations.

Ce fléau est assurément terrible, mais il frappe plus particulièrement les constructions de villes ou de villages, les chaussées et les ponts.

Les inondations atteignent bien aussi les fermes, mais le plus souvent elles en fertilisent le sol par le limon qu'elles déposent : on a calculé que des crues survenues après l'enlèvement des récoltes avaient, sur certains points, augmenté la production d'une année de 5 à 600 fr. par hectare.

Malgré les désastres périodiques qu'elles occasionnent, la richesse et la fertilité des vallées submersibles démontrent combien sont loin d'être fondées toutes les plaintes qu'elles font naître. En ce qui concerne les terrains, les dégâts sont toujours largement compensés par l'amélioration qu'elles apportent.

On ne doit donc pas s'effrayer outre mesure des inondations, pour l'achat d'une propriété dans les contrées où elles se renouvellent. Les habitations, si elles sont solides, n'ont rien à redouter. Une crue, à moins que les eaux ne prennent une mauvaise direction et ne produisent, par suite de courants et de ruptures violentes de digues, des ensablements, ne peut être que bienfaisante.

Il y a cependant intérêt, non-seulement à étudier, mais surtout à appliquer les moyens de prévenir les inondations, ou plutôt d'en atténuer le mauvais effet. Tous les dix ans, une crue exceptionnelle survient, et, suivant notre habitude de ne songer à combattre un mal que quand il est fait, tous les dix ans nous nous retrouvons dépourvus d'armes à lui opposer, sinon pour empêcher tout à fait ses dévastations, au moins pour les détourner et les amoindrir.

Ces observations faites; nous engagerons nos lecteurs à ne pas perdre de vue que les divers modes de jouissance en usage des biens fonds influent encore diversement sur leurs revenus et sur leur prix.

On distingue trois modes de jouissance des immeubles: 1° l'exploitation par un fermier à prix d'argent, ou moyennant une redevance partie en argent et partie en grains ou autres produits formant l'équivalent; 2° le métayage; 3° l'exploitation par le propriétaire.

L'exploitation par un fermier à prix d'argent est le mode de jouissance qui sous le rapport de la tranquillité personnelle, sourit le plus à un propriétaire; car, avec elle, il lui suffit de posséder un fermier laborieux, intelligent et présentant toutes les garanties désirables d'honorabilité, de bonne conduite et de solvabilité, pour être assuré, sans travail, déplacements, ni nouvelle mise de fonds quelconque, d'un revenu fixe ou à peu près fixe, et d'une entière exonération de soins de détail. Pour ce motif, elle donne un revenu moindre eu égard au capital employé pour acquérir.

Notons en passant que les biens soumis à cette exploitation sont en France en minorité. Les trois quarts au moins des grandes propriétés sont encore sous le régime du métayage. La division des héritages ne menace donc point comme le prétendent certains alarmistes, de *hacher* le sol en quelques années. Celui qui aime son pays doit, au contraire, trouver bien lente la marche progressive qu'elle lui imprime vers des conditions meilleures de bien-être et de prospérité générale.

L'exploitation par un colon offre un caractère tout différent de celle qui précède. Elle lance le propriétaire dans les embarras, les dépenses et les mêmes risques que le colon. « Courir ensemble les mêmes chances, craindre les mêmes fléaux, se réjouir des mêmes événements, pleurer les mêmes pertes, voilà, dit M. de Gasparin, la condition commune entre le propriétaire et le colon. « Il n'est que juste qu'une telle exploitatiou mette le propriétaire à même de tirer de son capital un revenu plus élevé qui le rémunère convenablement de son travail et de ses peines.

Le métayage ne convient qu'aux capitalistes maîtres de leur temps et dotés de quelques goûts pour l'agriculture.

Bien que la pratique de ce système de culture soit en général l'indice de terres de qualité inférieure, il ne faudrait pas en conclure que les propriétés à métayage sont toutes de qualité médiocre. Des habitudes et des coutumes établies depuis longtemps, la pauvreté quelquefois plus apparente que réelle du colon, son ignorance, son manque d'activité et d'industrie sont autant de causes qui le maintiennent et le prolongent jusque dans des pays non dépourvus de fertilité.

Un des avantages du métayage, c'est de rendre le propriétaire plus maître de sa terre et de le faire jouir dans sa contrée de plus d'influence et de considération. Reste à savoir si, selon ses goûts, il lui procure plus de satisfaction.

L'exploitation qui donne, sans contredit, les résultats les meilleurs et les plus fructueux, est celle que dirige personnellement le propriétaire sur son propre sol. Elle le met dans la position non-seulement d'en encaisser tous les revenus, mais encore, s'il est bon *agriculteur*, d'accroître sans cesse sa puissance de production, et conséquemment sa valeur, par des améliorations que, le plus souvent, lui seul peut entreprendre et exécuter, et qui aident elles-mêmes au progrès du bien-être général. Avec elle et par elle, la possession de la terre devient bien réellement comme on l'a dit, « une des plus hautes fonctions de ce monde. » L'homme qui l'exerce, est lui-même attaché à la roue de sa fortune en même temps qu'il la fait mouvoir. Qui ne comprendrait, après cela, que prix et revenus des biens qu'il cultive se ressentent toujours nécessairemeut de sa valeur personnelle !

Nous appelons de tous nos vœux l'extension de ce dernier mode de jouissance du sol ; il est la plus large base de notre fortune, de notre crédit et de notre force nationale.

Quoique nous soyons sur le chapitre du prix des immeubles, nous ne parlerons pas de l'augmentation qu'ils subissent en frais d'enregistrement à chaque mutation. Cette augmentation, dont il ne nous est guère permis, aujourd'hui, d'espérer l'allégement, est lourde, mais connue de tout le monde. Nous ne parlerons pas davantage des inconvénients des dissimulations de prix de vente, jadis trop usitées pour cause d'économie dans les actes, et source malheureuse de tant de difficultés dans les familles ; il n'est plus personne maintenant qui les ignore.

AUX LECTEURS.

Pour une partie des acheteurs, l'esquisse qui précède sur la propriété rurale ne constitue pas une bien grande nouveauté ; aussi les prions-nous de nous excuser de ne rien leur apprendre. Pour l'autre, nous n'espérons pas non plus avoir beaucoup fait. Nous demandons donc à tous indulgence, en l'absence de mérite, en faveur des bonnes intentions.

TABLE.

Pages.

Noyon. — Typ. D. Andrieux.

www.ingramcontent.com/pod-product-compliance
Ingram Content Group UK Ltd.
Pitfield, Milton Keynes, MK11 3LW, UK
UKHW020432180726
13839UKWH00003B/1457

9 782329 476926